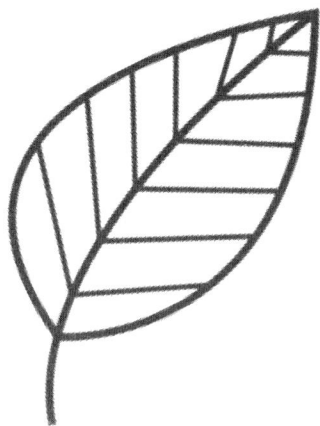

致读者

亲爱的朋友，当你翻开这本沉甸甸的线稿集时，即将开启的不仅是一段自然认知的旅程，更是一场与草木对话的纸上漫游。这本以科学为骨架、艺术为脉络的手绘线稿将为我们推开观察植物的全新视角。

最质朴的铅笔线条可启发我们对自然肌理的感知。精准的叶脉分岔角度、果实剖面纹理，甚至花瓣边缘的细微锯齿，都在白纸上定格成可供临摹的标本。孩子们可以沿着这些线条触摸自然造物的精妙，教育者能获得直观的教学素材，艺术爱好者亦可在此找到激发灵感的源泉。

当你的手抄报作业需要一组植物边框，当自然笔记缺少直观的物候图示，本书就是你触手可及的素材库。植物萌芽、开花、结果全周期均覆盖，让每一次观察都成为构建科学思维体系的砖石。

本书还是专属于你的色彩实验室，你可以用马克笔为银杏叶敷设秋日滤镜，用水彩晕染出百合花瓣的渐变丝绒质感，甚至用金粉点亮蒲公英的冠毛。每一笔色彩都是人与自然的一次创造性对话。

期待你们在认读植物图谱后，用色彩续写与草木的故事。这些经科学校准的轮廓线，将成为每个人创造个性化自然档案的基底。

编者

目录

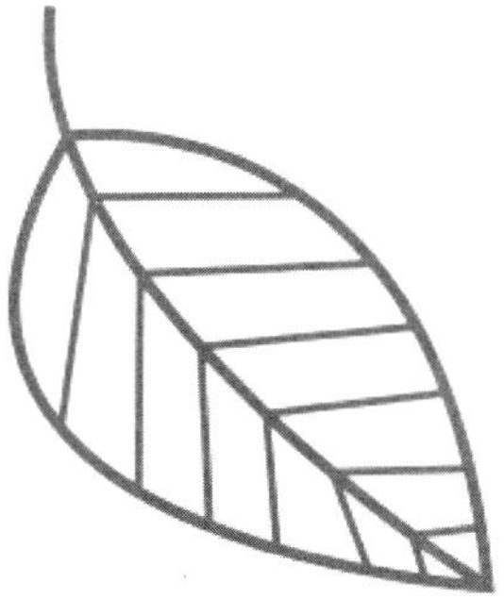

1

植物叶、花、果、种子

叶片是植物写给大地的情书，花朵是草木与昆虫的密语，果实藏着延续生命的锦囊，种子背负着远征星河的野心。本篇章系统呈现42种叶形、28类花序、19种果实结构、15型种子传播智慧。在笔触交织的经纬网中，读懂植物生存的精密算法。

注：书中最右侧文字为左侧手绘图的名称，按侧图片从上到下、从左到右的顺序标注

单叶类型—椭圆形（樟）、心形（黄独）、矩圆形（构骨）、镰刀形（大叶相思）、卵形（蜡梅）、肾形（烟斗马兜铃）

单叶类型—扇形（银杏）、圆形（黄栌）、楔形（枇杷）、菱形（菱）、匙形（车前）、三角形（杠板归）

单叶类型－带形（玉米）、戟形（戟叶蓼）、鳞形（侧柏）、盾形（彩叶芋）、管形（葱）

单叶类型－提琴形（白英）、针形（白皮松）、钻形（南洋杉）、披针形（桃）、剑形（丝兰）、条形（韭菜）

复叶类型－自身复叶（柑橘）、二出复叶（歪头菜）、一回羽状复叶（蔷薇）、二回羽状复叶（合欢）、三回羽状复叶（牡丹）

复叶类型－偶数羽状复叶（皂荚）、奇数羽状复叶（凌霄）、三出羽状复叶（月季）、多回羽状复叶（茴香）、参差羽状复叶（委陵菜）

复叶类型－五出掌状复叶（五加）、七出掌状复叶（七叶树）、三出掌状复叶（酢浆草）、九出掌状复叶（鸭掌藤）

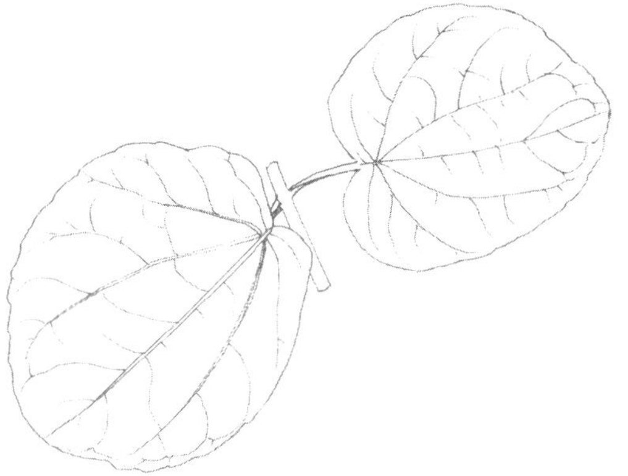

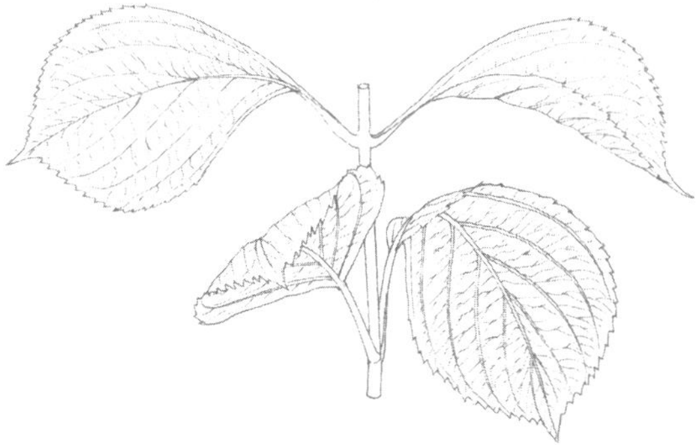

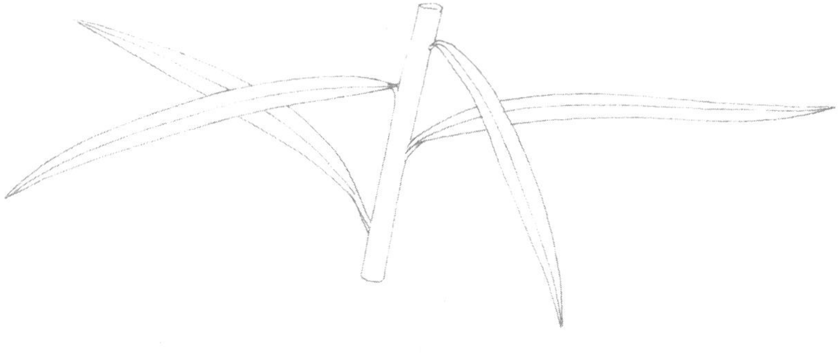

叶序类型－对生（连香树）、簇生（枸杞）、交互对生（绣球）、互生（柳穿鱼）、轮生（百合）

叶裂类型—掌状浅裂（悬铃木）、掌状深裂（拉拉秧）、掌状全裂（大麻）、羽状浅裂（槲树）、羽状深裂（春羽）、羽状全裂（飞鸽蓝盆花）、倒羽状裂（蒲公英）

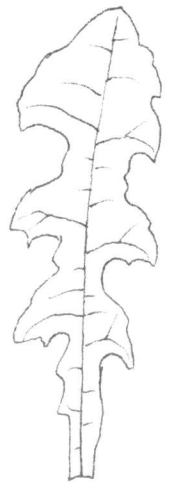

叶脉类型—射出平行脉（棕榈）、弧形脉（黄独）、羽状脉（红穗铁苋菜）、直出平行脉（麦冬）、横出平行脉（芭蕉）、叉状脉（银杏）、掌状脉（块茎山萮菜）

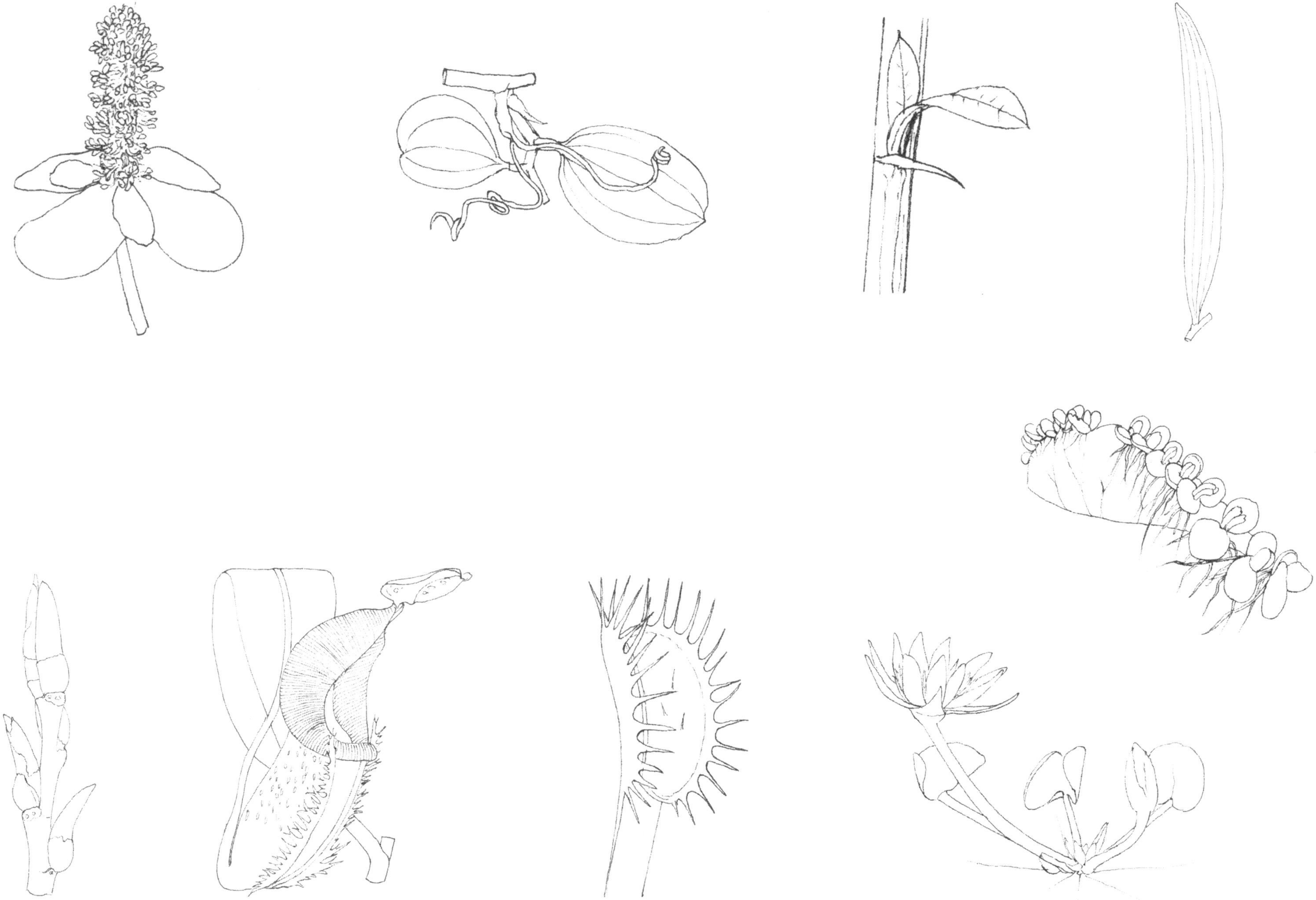

变态叶—苞片（鱼腥草）、托叶卷须（拔葜）、叶刺（小檗）、叶状柄（台湾相思树）、鳞状叶（杨树）、捕虫叶（猪笼草、捕蝇草）、胎生叶（落地生根、胎生莲）

花被类型—单被花（紫玉簪）、同被花（雪滴花）、两被花（倒挂金钟）、萼状花被（昙花）、冠状花被（荞麦）、无被花（越橘柳）

花萼类型－离片花萼（冷地毛茛）、合片花萼（风铃草）、不整齐离片花萼（乌头）、整齐合片花萼（咖啡）、不整齐花萼（紫苏）、整齐离片花萼（泽泻）、不整齐合片花萼（一串红）、整齐花萼（月季）

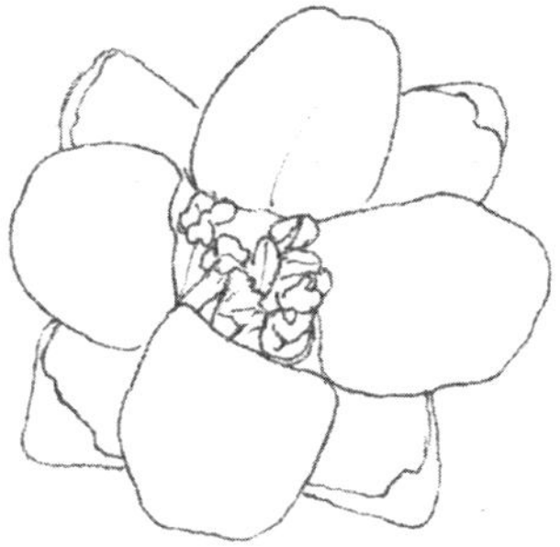

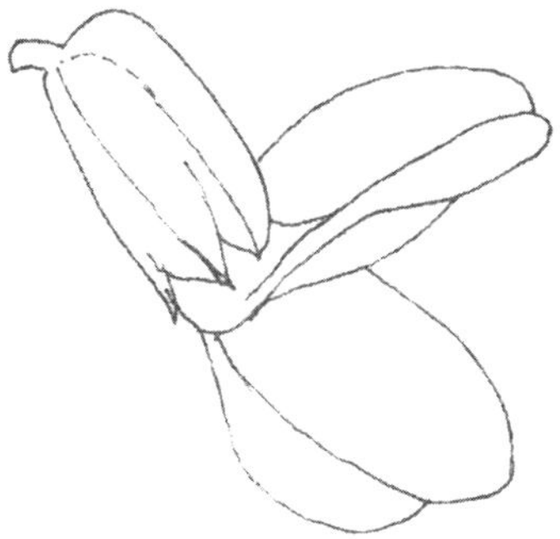

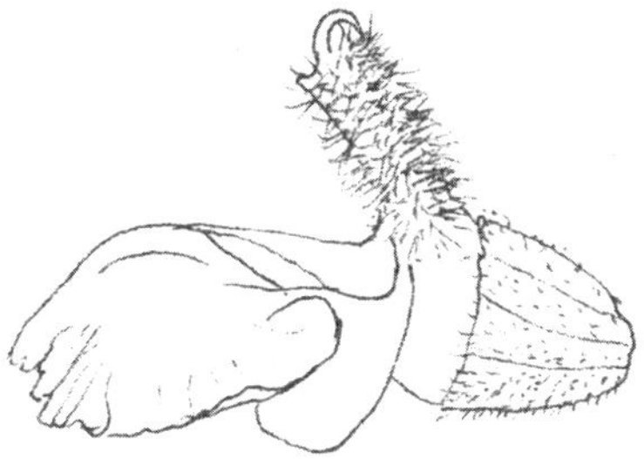

花冠类型－石竹形花冠（石竹）、筒状花冠（烟草）、十字花冠（菥蓂）、蔷薇形花冠（梨）、蝶形花冠（槐花）、假蝶形花冠（紫荆）、唇形花冠（薰衣草）

花冠类型—钟状花冠（吊钟花）、壶（坛）状花冠（蓝莓）、漏斗状花冠（牵牛花）、高脚蝶状花冠（蓝雪花）、轮状花冠（番茄）、舌状花冠（向日葵）、假面状花冠（耧斗菜）

花冠类型－膨大花冠（蒲包花）、平展花冠（球兰）、盔状花冠（夏枯草）、深囊状花冠（杓兰）、浅囊状花冠（狸藻）、鞋状花冠（黄花老鸦嘴）

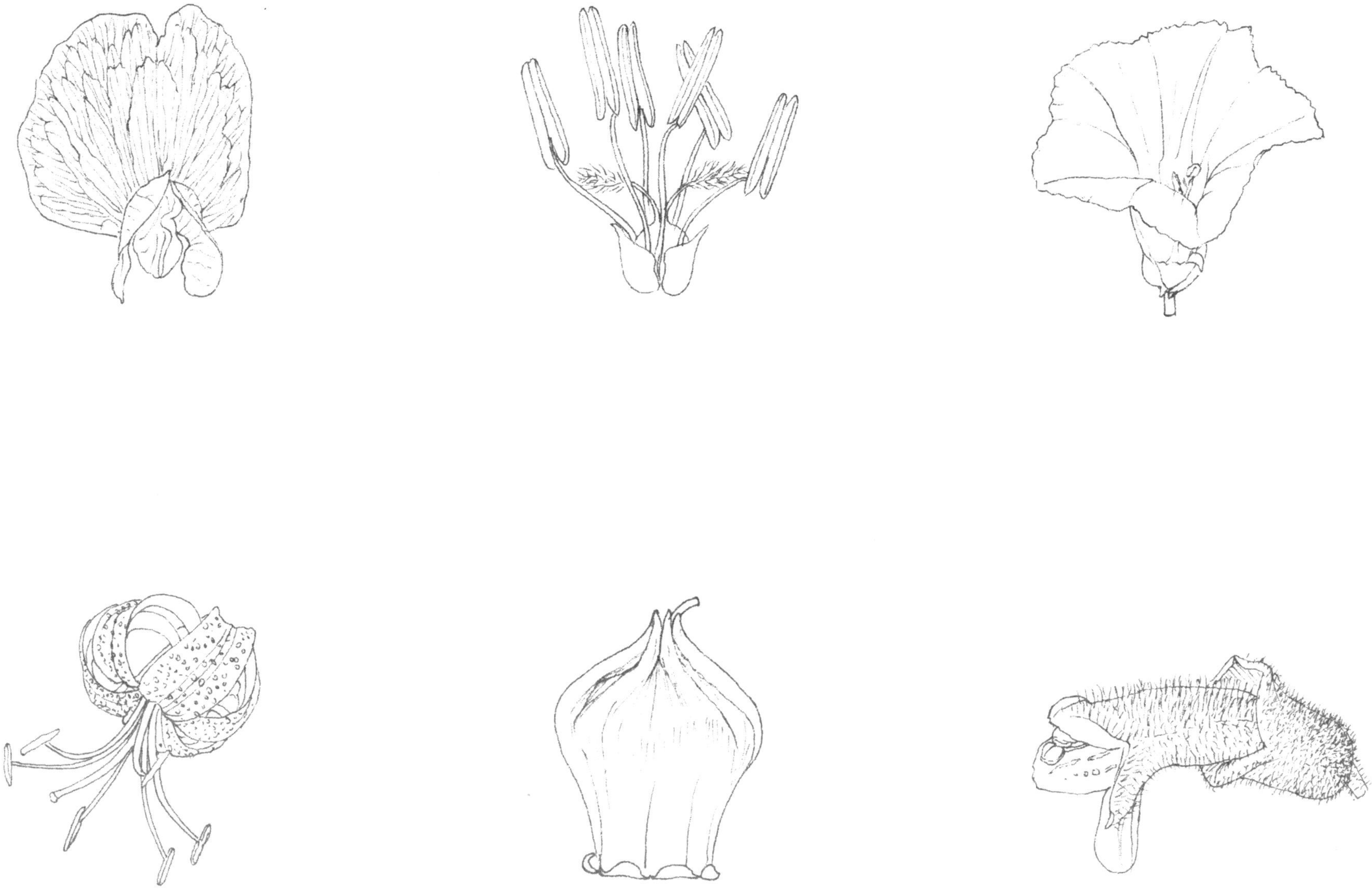

花冠类型—龙骨状花冠（豌豆）、具浆片花冠（水稻）、折扇状花冠（田旋花）、反折状花冠（卷丹）、囊状花冠（宫灯花）、前伸花冠（口红花）

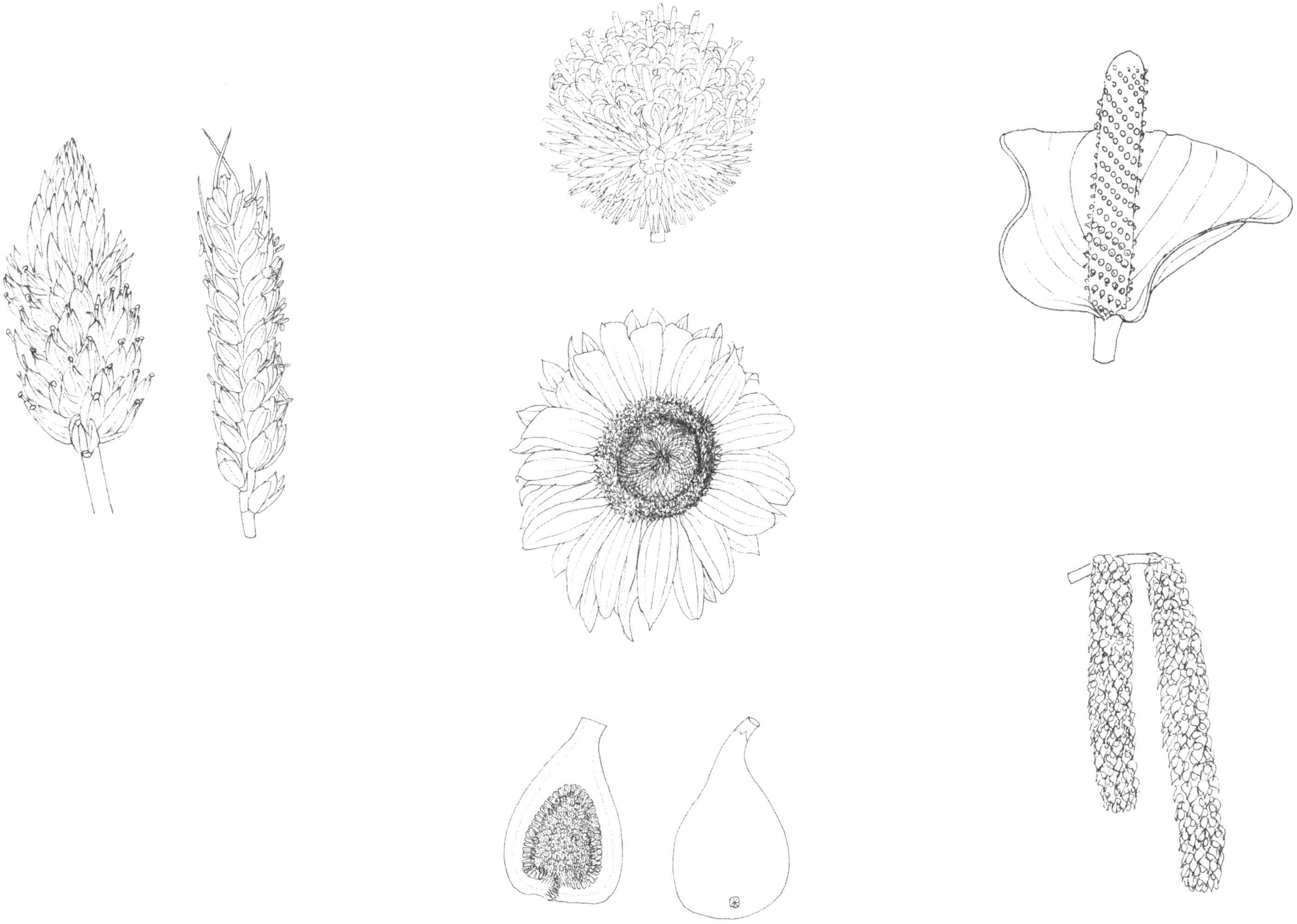

无限花序类型－穗状花序（青葙）、复穗状花序（小麦）、复头状花序（蓝刺头）、肉穗花序（花烛）、头状花序（向日葵）、隐头花序（无花果）、柔荑花序（榛子）

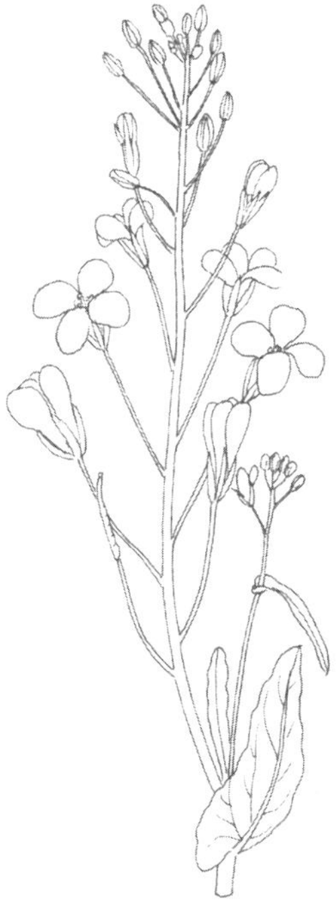

无限花序类型—伞房花序（山楂）、复伞房花序（绣线菊）、复伞形花序（野胡萝卜）、圆锥花序（凌霄）、总状花序（芜菁）、伞形花序（石蒜）

有限花序类型—轮状聚伞花序（短柄野芝麻）、多歧聚伞花序（泽漆）、二歧聚伞花序（卷耳）、单歧聚伞花序（唐菖蒲）、伞房花序形状的聚伞花序（绣球）

传粉类型－兽媒传粉（守宫花与日行守宫）、虫媒传粉（柳兰与蝴蝶）、兽媒传粉（帝王花与老鼠）、鸟媒传粉（翠雀花与蜂鸟）、水媒传粉（黑藻）、风媒传粉（杨树）

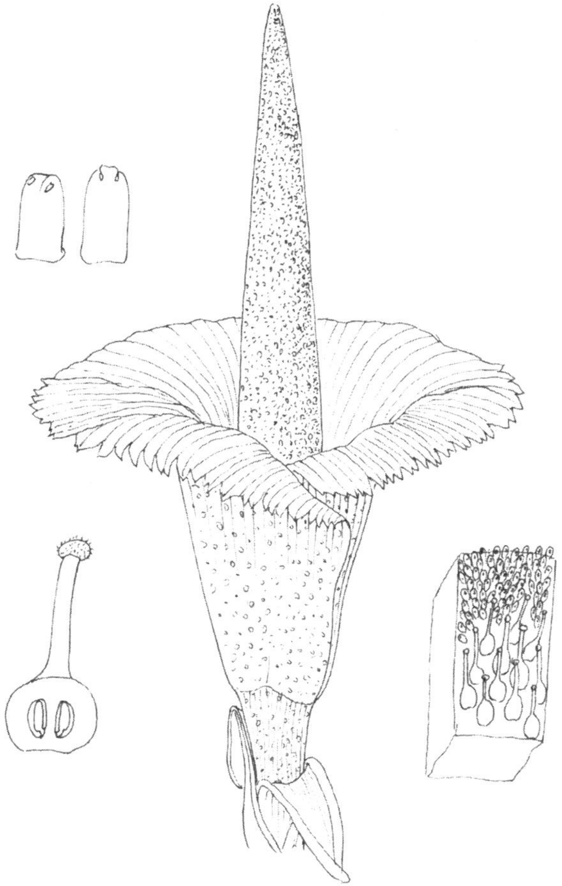

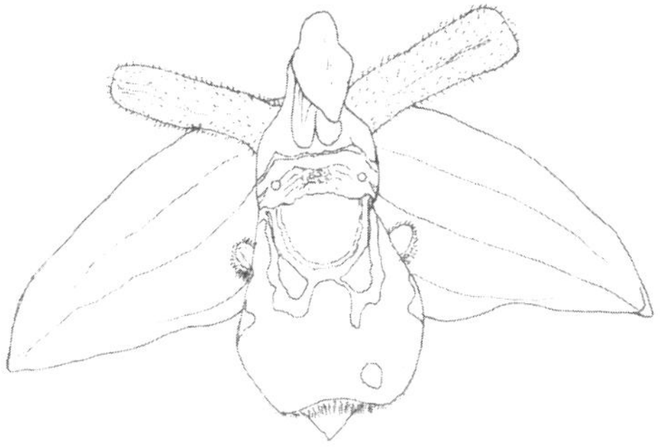

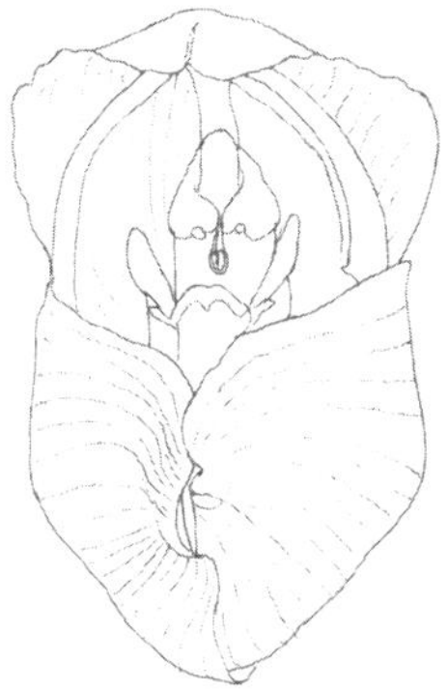

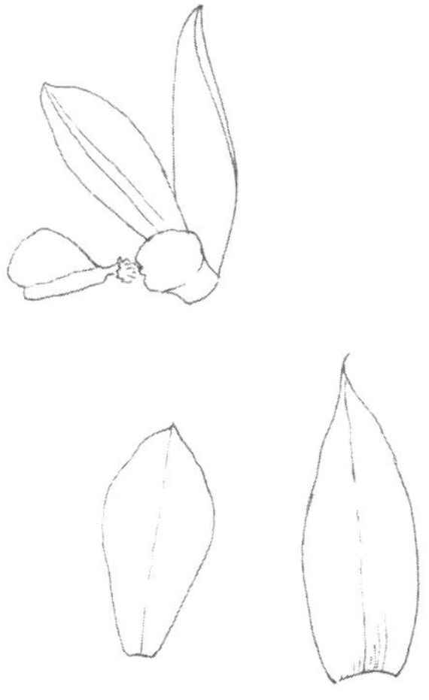

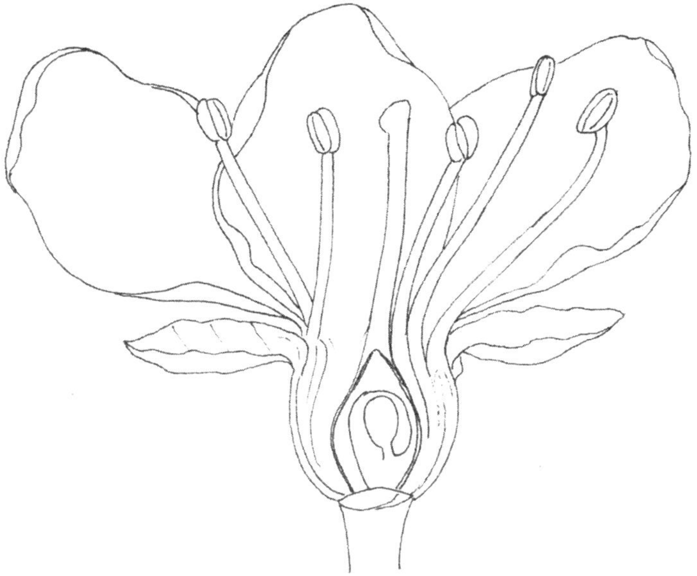

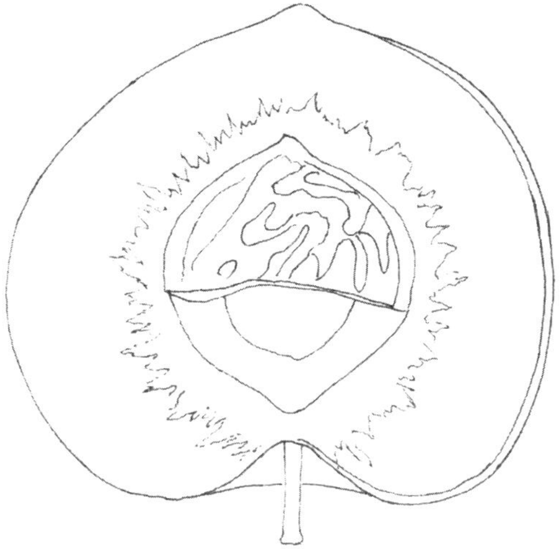

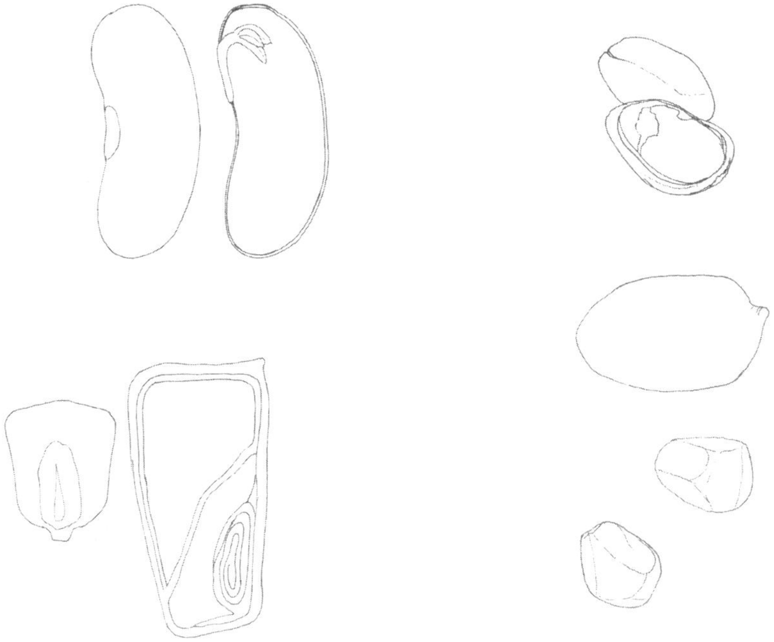

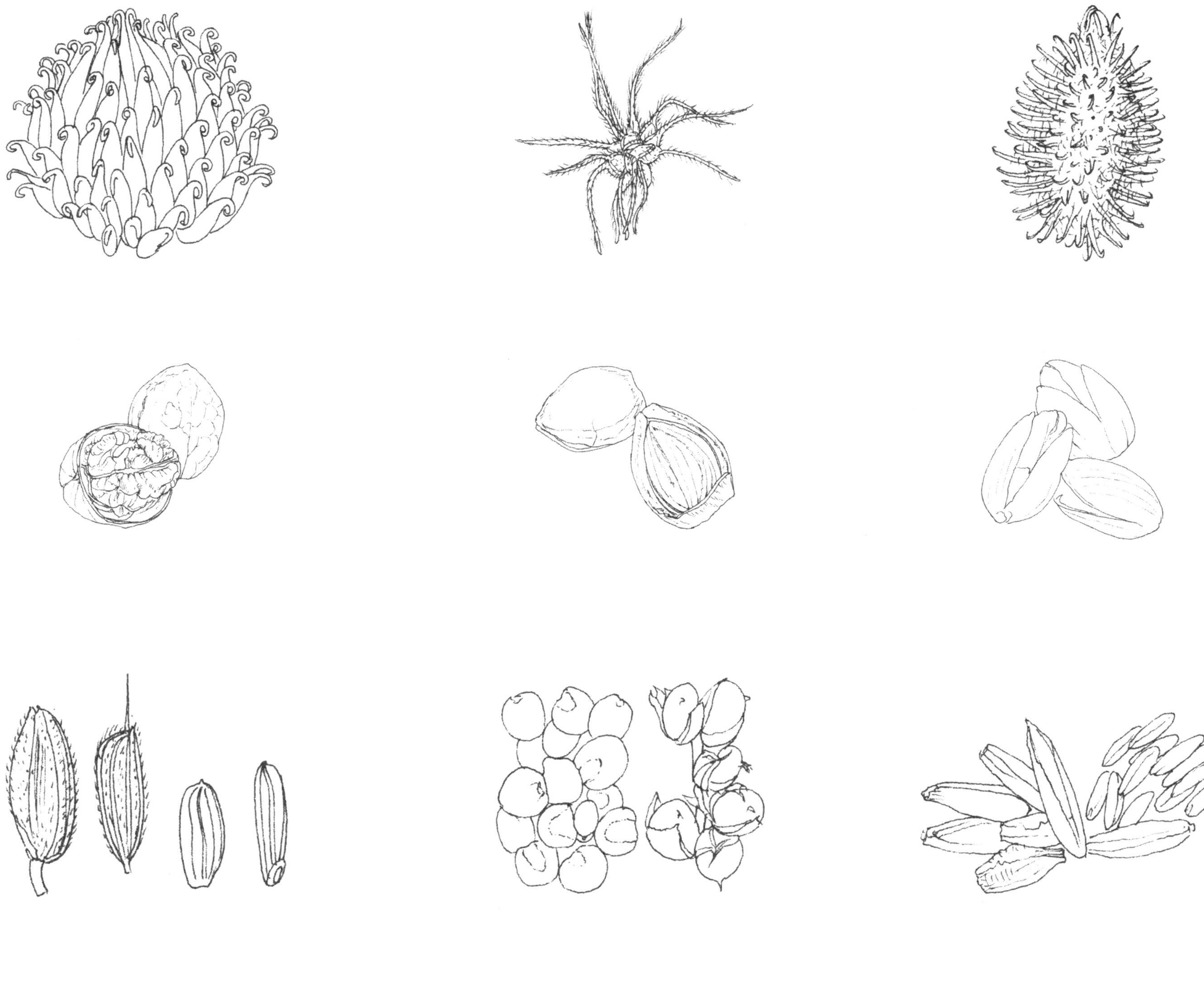

干果类型—瘦果（毛茛、铁线莲、苍耳）、坚果（核桃、杏仁、开心果）、颖果（水稻、高粱、燕麦）

干果类型－蒴果（桔梗、香椿、牵牛花、曼陀罗、鸢尾、马兜铃、蓖麻、百合）

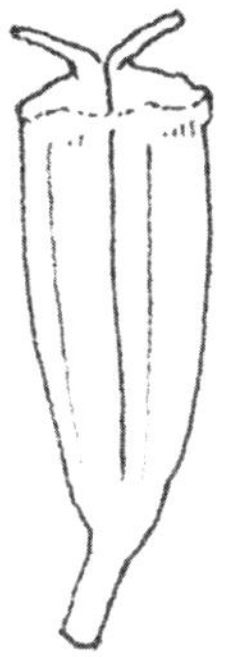

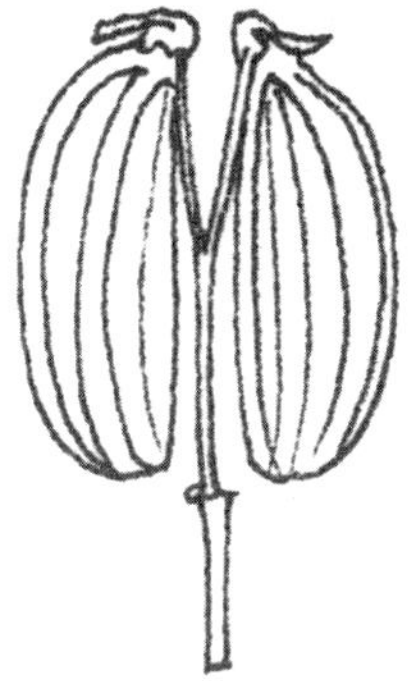

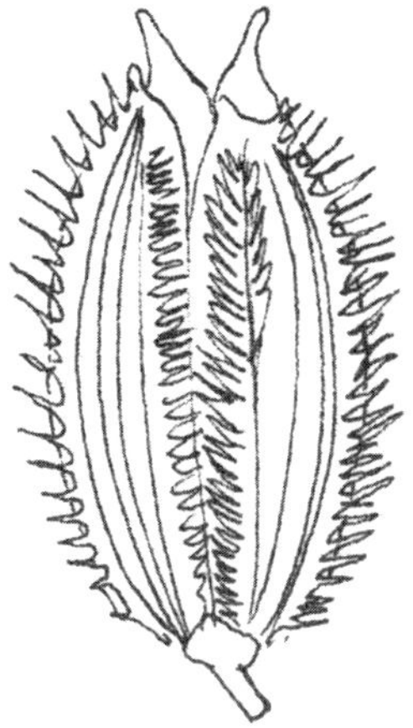

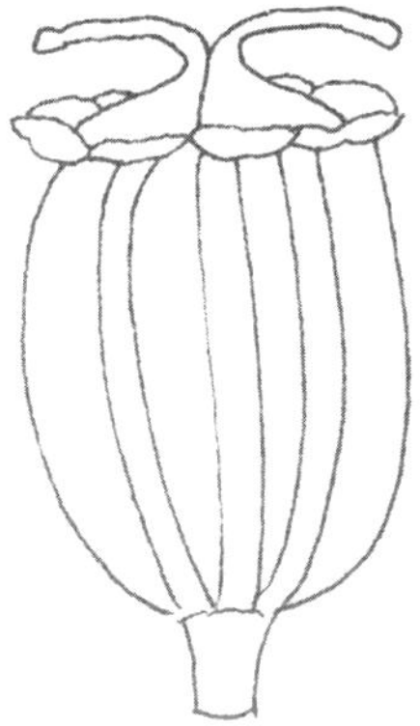

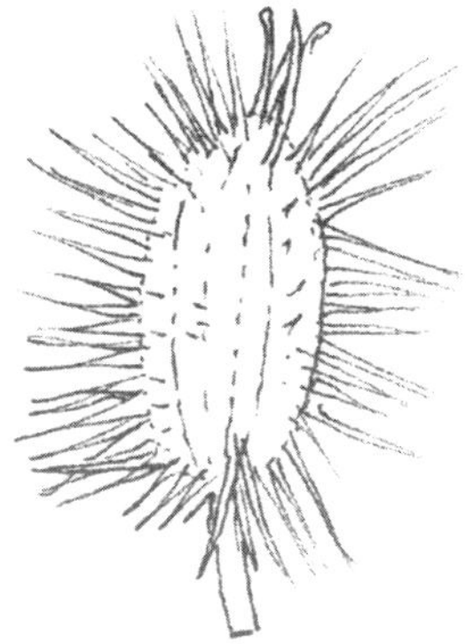

干果类型—蓇葖果（玉兰、八角、梧桐、芍药、乌头）

干果类型－荚果（紫荆、皂荚）、角果（荠、白芥）

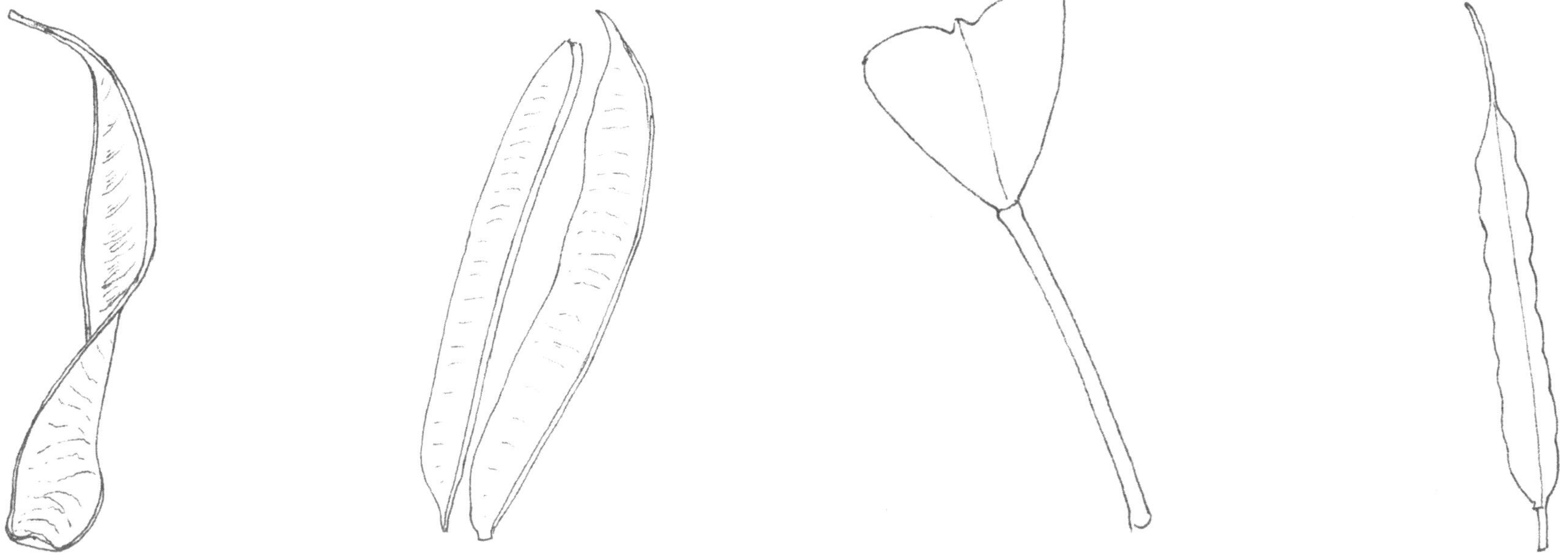

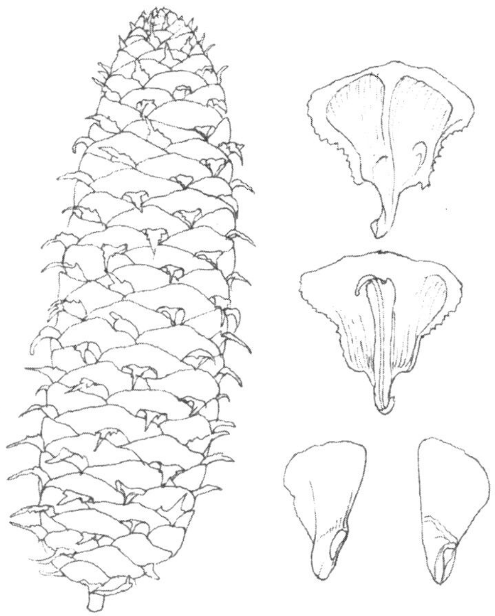

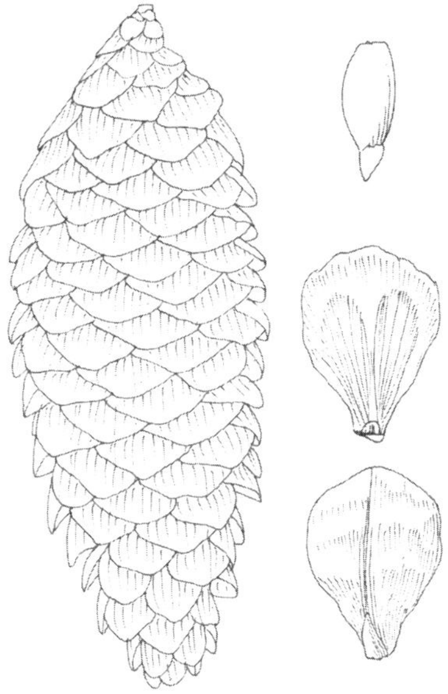

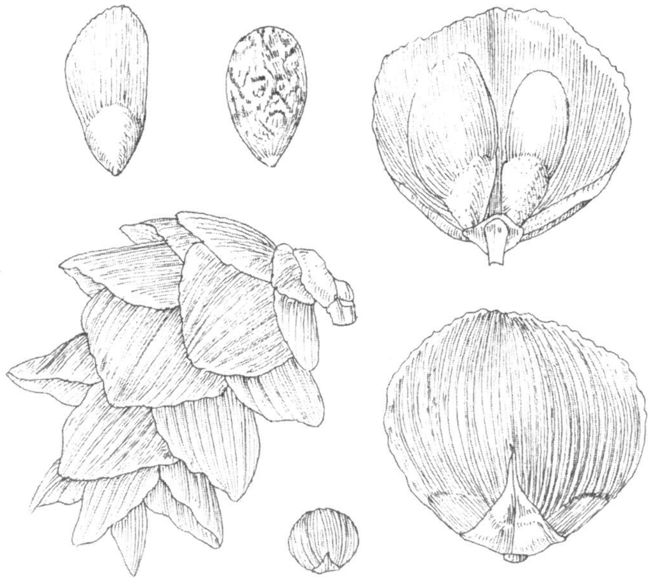

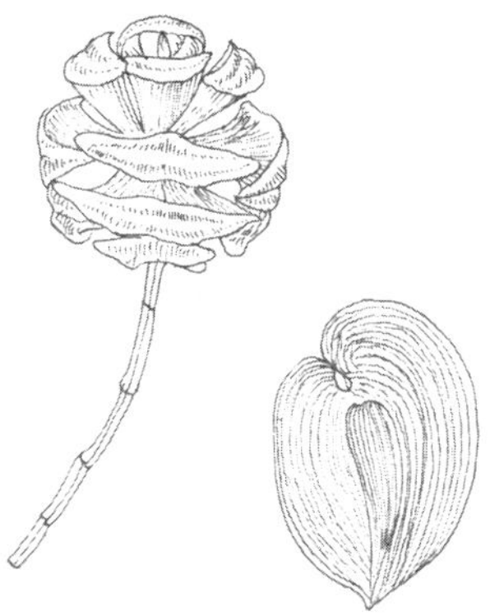

松科植物的果－油松、白皮松、华山松、雪松

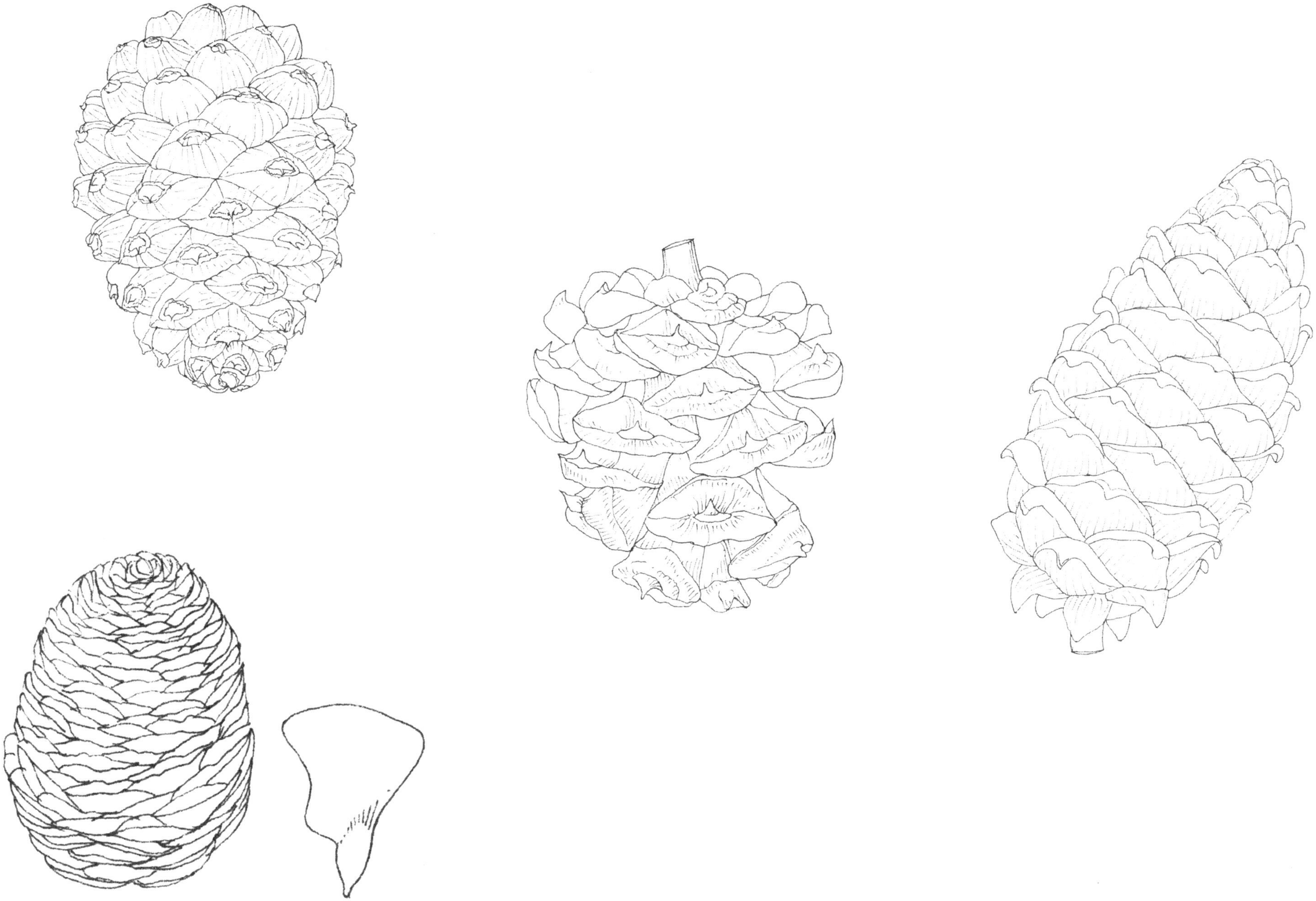

2

发现身边植物之美

从砖缝里倔强生长的酢浆草，到公园里亭亭如盖的榕树；从餐桌上清香的紫苏叶片，到古籍中记载的凤仙染甲秘术——本篇章收录的70种身边常见的植物，是你与自然建立联系的70把钥匙。每株植物均以整体形态、花果特写三重视角呈现，纤毫毕现。特别设计的“观察笔记”留白区，邀请你自由地记录与这些植物邻居相遇的时间、地点与故事。

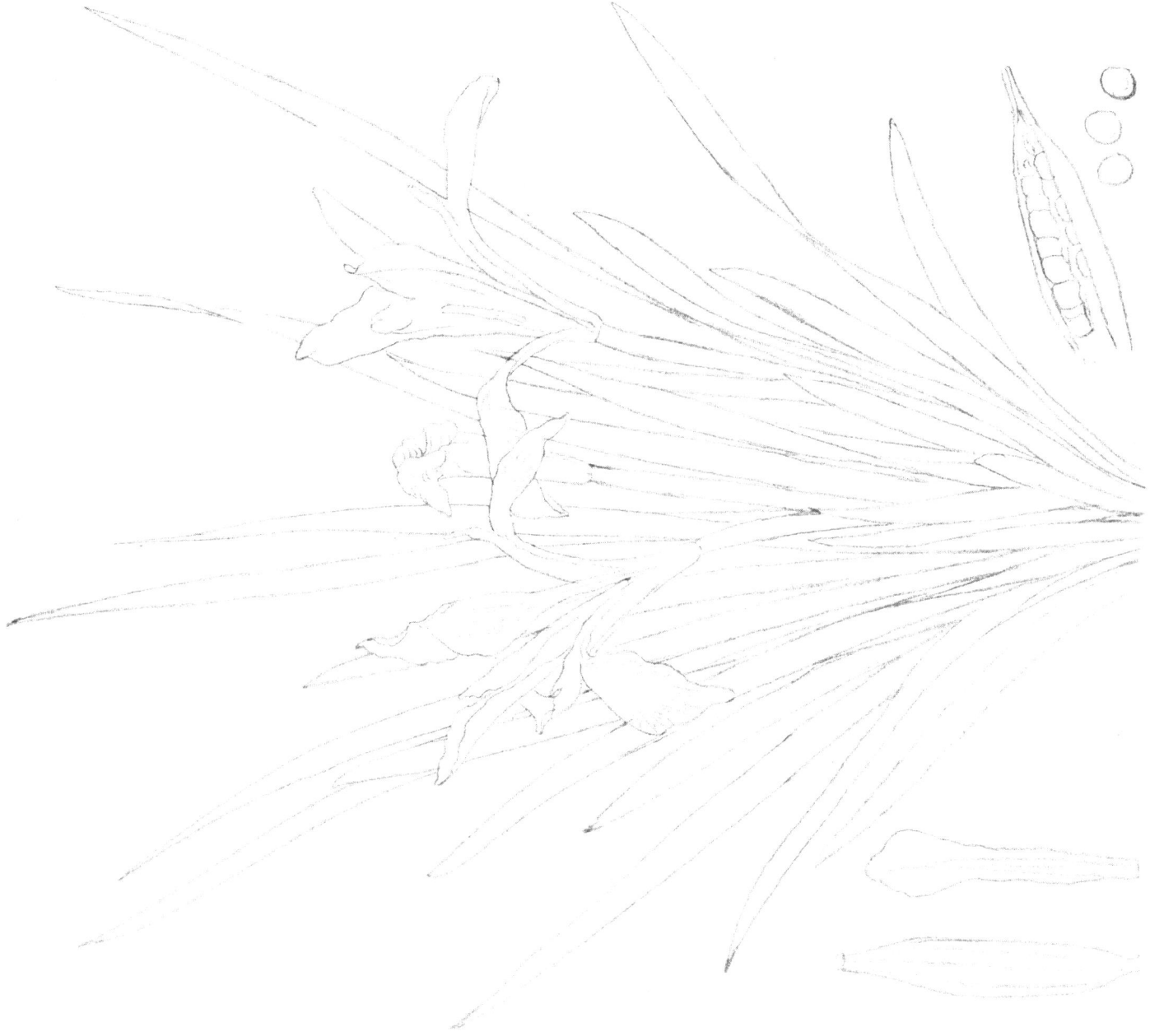